맛·있·는 웰·빙

샌드위치

최상호 · 정월계 · 왕숙자 · 정 훈 공저

도서출판 효 일
www.hyoilbooks.com

책을 펴내며...

현대사회가 여성의 사회진출을 가속화시키고 있고, 여성들 자신들도 주방에서의 탈출을 꿈꾸는 이때에 우리의 식생활을 한번 점검해 볼 필요를 많이 느낀다. 우리가 평상시에 먹는 한식이 우리에게는 가장 바람직한 식사라고 생각한다. 하지만 식사 때마다 국이나 찌개에 나물과 김치, 생선, 고기 등으로 식사하기는 매우 어렵다.

성장기이기에 많은 에너지와 단백질로 균형 잡힌 식사가 필요한 청소년들은 이른 등교로 아침식사를 못하고 학교에 가고 있고, 많은 여성들은 날씬하면서도 스스로 뚱뚱하다며 잦은 다이어트로 자신의 몸을 망치고 있다. 또한 많은 사람들이 인스턴트 음식으로 식사를 때우는 경우가 참 많다. 우리의 청소년들은 우리나라를 책임질 희망들인데 참으로 걱정되는 것은 청소년들의 식생활이 너무 인스턴트음식에 치중되어 있다는 것이다.

현재에도 많은 사람들이 못 먹어서 걸리는 병보다는 너무 많이 먹고, 불균형된 식사로 걸리는 당뇨병, 고혈압, 고지혈증, 심장

"현대인을 위한 여유로운
Well-Being 식생활"

병 등으로 고생하고 있다. 그러나 우리의 희망인 청소년들이 성인이 됐을 때는 이러한 병들이 더 많아질 것이고, 그로 인해 지출되는 의료비를 포함한 사회적비용은 엄청날 것이다. 또한 여성들이 건강해야 건강한 아이들을 출산할 수 있는데 많은 여성들도 잘못된 식생활에 노출되어 있다. 그러므로 청소년이나 여성들을 포함한 우리의 건강한 식생활을 위해서는 균형 잡힌 식사가 필요하다.

'우리 몸엔 우리 것이 좋은 것이여' 라고 우리 모두는 알고 있다. 하지만 현실이 그렇지 못할 경우에는 한식에 버금가는 대체식이 필요하다. 여러 가지 대체식들이 있겠지만 그 중의 하나로 샌드위치를 권하고 싶다. 샌드위치에는 우리 몸에 필요한 영양분을 섭취할 수 있도록 어떤 재료도 넣어서 먹을 수 있다. 제대토 만든 샌드위치에는 한 끼 식사에서 섭취해야 하는 영양권장량이 들어 있다. 우리나라에서 권하는 영양권장량은 탄수화물, 단백질, 지방의 비율이 60:25:15이다. 그런 면에서 볼 때 샌드위치는 빵과 고기, 야채 등 여러 가지 재료들을 넣어 만들므로 우리에게 필요한 영양분을 섭취할 수 있으며 또한 화학조미료를 쓰지 않아 건강에도 좋다.
샌드위치를 만들면서 참 과학적인 음식이라는 생각을 많이 했다. 우리의 한식은 참으로 어렵다. 같은 재료를 가지고도 만드는 사람에 따라서 음식 맛이 다르므로 젊은 사람들은 우리 음식 만들기에 어려움을 많이 느낀

다. 그래서 우리는 여기에 있는 레시피대로만 만들면 쉽고 맛있으면서 우리 입맛에 맞는 샌드위치를 만들 수 있게 하였고, 영양 또한 만족할 수 있도록 노력했다.
많은 요리책을 보면 소스의 분량을 적당량이라고 써 놓은 경우가 많다. 처음 그 요리를 만드는 사람으로서는 적당량이라는 것이 매우 어려운 말이다. 그래서 우리는 처음 요리를 만드는 사람도 할 수 있도록 모든 소스의 분량을 g으로 표시해 놓았다. 너무 적게 들어가는 재료의 분량까지 g으로 표시해야 하는 어려움도 있었지만, 항상 같은 맛을 내기 위해서는 어쩔 수 없는 선택이었다.

이제 우리들의 가정에도 저울이 필요할 때다. 정확한 계량으로 쉽고 빠르게 맛있는 음식을 만들기 위해서 우리 모두 저울을 준비하고 요리를 시작하자. 필자들은 평생 먹을 샌드위치를 지난 1년여 동안 다 먹었다 해도 과언이 아닐 것이다. 매번 계속되는 샌드위치의 실습에 나중에는 서로에게 먼저 시식하라며 먹을 권리를 양보하는 지경에까지 이르렀을 때에 우리는 제대로 된 샌드위치책의 필요성을 느끼게 됐다. 좋은 책을 만들고자 열심히는 했는데 아쉬움이 많다. 다만 이 책이 어느 누군가에게는 도움이 되는 책이기를 바란다.

— 저자일동

contents

차 례

샌드위치

햄치즈 모닝빵

sandwich

 그냥 먹기도 하지만 우유나 주스, 커피 등과 잘 어울리는 빵으로 버터나 잼을 곁들여 아침 식사로 먹기에 매우 좋은 빵이다. 크기가 작아 양이 작은 사람들에게는 모닝 샌드위치가 제격이다.

재 료 *Ingredient*

모닝빵 6개/ 슬라이스 햄 2장/ 슬라이스 치즈 2장/ 양상추 2장/ 토마토 1개/ 오이 ½개/ 케첩/ 피망 ½개/ 양파 ½개

* 빵에 바르는 소스

다진 피클·오이·피망·양파 각각 10g/ 마요네즈 70g/ 백 후추 약간

만들기

1. 모닝빵은 아래쪽에서 1/3 부분을 슬라이스하되 끝이 떨어지지 않도록 슬라이스한다.

2. 빵에 바르는 소스 만들기 : 마요네즈에 분량의 재료를 잘게 다져 넣고, 백 후추를 넣어 골고루 잘 섞는다.

3. 햄은 뜨거운 물에 데쳐서 치즈와 함께 대각선으로 잘라 4등분한다.

4. 토마토는 둥글게 슬라이스한 후 반으로 잘라 반달 모양으로 자른다. 오이는 타원형으로 슬라이스하고, 양파는 둥글게 슬라이스하여 속을 뺀 후 찬물에 담가 매운 맛을 제거하고, 피망은 둥글게 썰어 준비한다.

5. 샌드위치 완성하기
   1. 모닝빵의 양면에 빵에 바르는 소스를 바른다.
   2. 모닝빵에 양상추가 약간 보이게 올린 후 햄, 치즈, 토마토, 오이, 양파, 피망을 순서대로 얹은 후, 케첩을 살짝 뿌리고 뚜껑을 덮는다.

불고기 sandwich

재 료 *Ingredient*

식빵 12장/ 불고기감 360g/ 채친 양파 450g/ 양상추 6장/ 오이 1개/ 피클 3개/ 토마토 2개/ 양파 1개

*** 빵에 바르는 소스**

a 소스 : 케첩 150g/ 마요네즈 150g/ 다진 사과 15g/ 다진 양파 15g/ 레몬즙 15g/ 다진 피망 15g/ 다진 당근 15g/ 다진 오이 15g/ 다진 피클 15g

b 소스 : 머스터드

*** 불고기 양념**

간장 45g/ 설탕 15g/ 맛술 4g/ 참깨 4g/ 다진 파 8g/ 다진 마늘 4g/ 참기름 4g/ 후추 약간

만들기

1 쇠불고기 양념하기
분량의 양념을 골고루 섞은 후 쇠고기와 버무려 둔다.

2 양파와 불고기 볶기
프라이팬을 달구고 약간의 식용유를 두른 후 채 썰은 양파 450g을 볶다가 양념한 1의 불고기를 넣어 골고루 잘 볶는다.

3 식빵은 기름기 없는 프라이팬이나 오븐에 노릇노릇할 때까지 굽는다.

4 양상추는 깨끗이 씻어 수분을 제거하고, 오이와 피클은 타원형으로 슬라이스하며, 토마토와 양파는 둥글게 슬라이스한다.

5 빵에 바르는 소스
a소스 : 마요네즈와 케첩에 분량의 재료를 넣어 골고루 잘 섞은 후 식빵 6장의 한쪽 면에 바른다.
b소스 : 식빵 6장에는 머스터드를 골고루 펴 바른다.

6 샌드위치 완성하기
가. a 소스를 바른 식빵에 양상추를 올리고, 슬라이스한 오이, 토마토, 피클, 양파를 얹은 다음 다시 양상추를 올린 후 a 소스를 바른 식빵으로 덮는다.

나. b 소스(머스터드)를 바른 식빵에 양상추를 올리고, 2의 불고기 볶은 것을 듬뿍 올린 후 양상추와 머스터드를 바른 식빵으로 덮는다.

다. (가)와 (나)의 빵을 포개어 껍질 부분을 얇게 제거한 후 삼각으로 자른다.

라. 나머지 식빵도 위와 같은 방법으로 한다.

베이컨 후라이 sandwich

돼지고기의 삼겹살을 훈연처리하여 만든 것으로 훈연에 의한 독특한 풍미와 지방질의 산화방지작용으로 요리에 널리 이용된다. 프라이팬에 기름을 두르지 않고 약한 불에서 구워 종이 타올에 기름을 빼고 요리에 이용하여야 좋다.

재 료 Ingredient

식빵 12장/ 베이컨 6장/ 양상추 6장/
삶은 계란 9개/ 생 계란 3개/ 양파 1개/
피망 1개/ 토마토 1개/ 마요네즈 70g/
케첩・소금・후추 적당량

＊ 빵에 바르는 소스
a 소스 : 마요네즈 70g/ 머스터드 30g/
　　　　녹인 버터 30g

b 소스 : 머스터드

만들기

1. 계란 9개는 삶아 곱게 으깨고, 3개는 노른자가 터지지 않도록 약간의 소금을 뿌려 후라이 한다.

2. 양파는 둥글게 슬라이스하여 볶다가 잘게 자른 베이컨을 넣고 소금, 후추 간하여 볶는다.

3. 계란샐러드 만들기
   1의 삶은 계란을 굵은 체에 내린 후 소금, 후추을 넣어 마요네즈에 버무린다.

4. 양상추는 씻어 수분을 제거하고 토마토, 피망은 둥글게 슬라이스하여 물기를 제거한다.

5. 빵 소스 만들기
   a 소스 : 마요네즈와 머스터드에 중탕한 버터를 잘 섞는다.
   b 소스 : 머스터드

6. 샌드위치 완성하기
   가. a 소스를 바른 식빵에 양상추, 토마토, 피망을 순서대로 올린 후 a 소스를 바른 식빵으로 덮는다.
   나. b 소스를 바른 식빵에 양상추, 2의 양파 볶음, 계란 후라이를 순서대로 올리고 케첩을 가늘게 짜 준 후 b 소스를 바른 식빵으로 덮는다.
   다. (가)와 (나)를 포개어 겉을 얇게 제거한 후 1/2로 자른다.
   라. 나머지 식빵도 위와 같은 방법으로 한다.

감자 베이컨 sandwich

재 료 *Ingredient*

잡곡식빵 12장/ 양파 1개/ 오이 1개/ 피클 4개/
양상추 6장/ 토마토 1개/ 베이컨 6장/ 케첩

＊ 빵에 바르는 소스
머스터드 60g/ 흰 깨 6g/ 레몬즙 10g

＊ 감자 샐러드
감자 3개/ 다진 양파 60g/ 다진 오이 60g/
마요네즈 90g/ 소금/ 파슬리 찹 • 후추 약간씩

＊ 드레싱
케첩 70g/ 마요네즈 70g/ 다진 피클 10g
다진 오이 10g

만들기

1 **감자샐러드 만들기**
감자는 삶아 체에 내려 식힌 후 분량의 다진 양파, 다진 오이, 마요네즈와 소금, 후추, 파슬리 찹을 넣어 간을 맞추며 섞는다.

2 팬에 기름을 두르지 않고 달구어 베이컨을 구워 낸 후 종이 타올로 살짝 눌러 기름을 제거한 다음 1/2로 자른다.

3 **빵에 바르는 소스 만들기**
머스터드에 흰 깨와 레몬즙을 넣어 잘 섞는다.

4 **드레싱 만들기**
케첩과 마요네즈에 다진 피클, 다진 오이를 넣고 잘 섞어 드레싱을 만든다.

5 양상추는 깨끗이 씻어 물기를 뺀 후 먹기 좋은 크기로 뜯고, 양파는 둥글게 슬라이스한다. 양파의 매운맛을 제거하기 위해서는 찬물에 잠시 담가 둔 후 물기를 제거한다. 토마토는 두툼하게 슬라이스한 후 종이 타올로 눌러 수분을 제거한다. 오이와 피클은 타원형으로 슬라이스한다.

6 **샌드위치 완성하기**
가. 소스를 바른 한 장의 식빵 위에 양상추를 얹고, 양파를 올린 후 드레싱을 뿌리고 오이, 피클, 토마토를 올린 다음 다시 드레싱을 뿌린 후 베이컨과 양상추를 올리고 소스 바른 식빵으로 덮는다.
나. 소스를 바른 또 한 장의 식빵 위에 감자샐러드를 올리고 소스를 바른 식빵으로 덮는다.
다. (가)와 (나)의 빵을 포개어 껍질 부분을 얇게 제거한 후 삼각형 모양으로 자른다.
라. 나머지 식빵도 위와 같은 방법으로 한다.

베이글 화이버
sandwich

베이글 도넛과 비슷한 모양의 황금색 빵으로 씹을수록 깊은 맛이 나며, 발효하여 물에 데친 후 구워 아주 담백하고 고소하다. 지방이나 계란의 함량이 적어 저지방, 고 탄수화물의 건강빵으로 식사대용으로 애용되며, 다이어트에도 좋고, 크림치즈나 훈제 연어와도 잘 어울린다.

재 료 *Ingredientia*

베이글 6개/ 크림치즈 적당량/ 양파 1개/ 양상추 6장/
토마토 1개/ 슬라이스 햄 6장/ 슬라이스 치즈 6장/
피클 3개

* 후레쉬 화이트 소스

마요네즈 170g/ 휘핑 생크림 100g/ 다진 피클 40g

만들기

1. 햄은 기름기 없는 프라이팬에 앞뒤로 살짝 굽거나 끓는 물에 데친다.

2. 후레쉬 화이트 소스 만들기
   마요네즈에 휘핑한 생크림과 잘게 다진 피클을 넣어 부드러운 크림을 만든다.

3. 베이글은 아래쪽의 1/3 부분에서 슬라이스한다.
   (위, 아래 크기가 같아진다)

4. 크림치즈는 부드럽게 풀어 빵에 바르기 좋은 상태로 만든다.

5. 양상추는 깨끗이 물기를 제거하고, 피클은 타원형으로 슬라이스 하며, 토마토는 둥글게 슬라이스한다. 양파는 둥글게 썰어 속을 뺀 후 찬물에 담가 매운맛을 없앤다.

6. 샌드위치 완성하기
   가. 베이글에 4의 크림치즈를 바르고, 그 위에 후레쉬 화이트 소스를 바른다.
   나. (가) 위에 양상추를 얹고, 햄, 치즈, 피클, 양파를 순서대로 얹으며, 후레쉬 화이트 소스를 골고루 뿌린 다음 토마토, 양 상추를 올리고 빵으로 덮는다.

머쉬룸 sandwich

만들기

1. 양상추는 깨끗이 씻어 물기를 제거한다.

2. 양송이는 얇게 썰어 올리브유에 소금을 약간 뿌려 센 불에서 살짝 볶은 후 모짜렐라 치즈를 넣어 재료가 서로 엉기도록 한 다음 사각모양으로 만들어 팬에서 식힌다.

3. 양파와 피망, 토마토는 둥글게 슬라이스한다.

4. 갈비살 양념
간장, 물엿에 약간의 생강가루를 넣어 잘 섞은 후 돼지 갈비살을 넣어 골고루 버무린 다음 프라이팬이나 오븐에서 굽는다.

5. 샌드위치 완성하기
가. 잡곡식빵을 기름기 없이 프라이팬에서 살짝 구운 후 빵에 바르는 소스를 바른다.
나. 소스를 바른 빵 위에 양상추를 얹은 후 양파, 구운 돼지 갈비살, 양송이 볶음, 슬라이스 치즈, 토마토를 얹고 위에 마요네즈를 뿌린 후 피망, 양상추를 얹고 소스 바른 빵으로 덮는다.
다. 나의 식빵 두 개를 겹쳐 먹기 좋은 크기로 자른다.

미니 크로아상

sandwich

크로아상 겹겹이 층이 있는 초승달 모양의 페스트리로 프랑스인들이 아침 식사용으로 가장 즐기는 빵이며 맛이 부드러워 여러 가지 재료를 넣고 샌드위치를 만들면 제격이다.

홀그레인 머스터드 겨자씨, 식초, 식염, 파프리카, 심황, 마늘분 등을 적절히 배합해 페이스트로 만든 서양겨자, 겨자씨의 거친 느낌이 살아 있는 제품으로 햄버거와 핫도그 등의 느끼한 맛을 제거하는 데 널리 쓰이는 소스이다.

만들기

1. 양상추는 깨끗이 씻어 물기를 제거하고, 오이와 피클은 타원형으로 슬라이스한다.

2. 햄버거 고기는 기름을 두르지 않은 프라이팬에 구운 후 2등분하여 케첩에 버무린다.

3. 빵에 바르는 소스 만들기
   a 소스 : 마요네즈에 머스터드, 다진 피클, 참깨를 넣어 잘 섞어 소스를 만든다.
   b 소스 : 홀그레인 머스터드

4. 충전물 만들기
   채친 양배추, 사과, 피클, 핫 칠리페퍼에 빵에 바를 a 소스 중 26g을 넣어 버무린다.

5. 샌드위치 완성하기
   가. 크로아상을 반으로 자르고, a 소스를 바른 다음 그 위에 b 소스(홀그레인 머스터드)를 바른다.
   나. (가)의 빵에 양상추를 깔고 충전물을 올린 다음 햄버거 고기, 오이, 피클을 얹은 후 빵을 덮는다.

흑임자 브로콜리

sandwich

만들기

1. 브로콜리는 흐르는 물에 씻어 끓는 물에 소금을 조금 넣어 데쳐 수분을 제거한 다음 얇게 저민다.

2. 베이컨은 기름기 없는 프라이팬을 달구어 약한 불에서 구운 후 종이 타올로 살짝 눌러 준다.

3. 양상추는 깨끗이 씻어 물기를 제거하고, 토마토는 두툼하고 둥글게 썰며, 양파는 둥글게, 피클과 오이는 타원형으로 슬라이스한다.

4. 빵 자르기
   햄버거 빵의 옆면을 슬라이스한다.

5. 빵에 바르는 소스 만들기
   버터를 크림 상태로 부드럽게 만든 후 흑임자 페이스트와 소금을 넣고 잘 섞는다.

6. 샌드위치 완성하기
   가. 4의 빵에 5의 소스를 바른 다음 양상추와 양피를 얹고, 그 위에 마요네즈를 가늘게 지그재그로 짠다.
   나. (가) 위에 베이컨을 반 접어 넣고, 오이, 토마토, 브로콜리를 차례로 올린 다음 마요네즈를 다시 한 번 짜준다.
   다. (나) 위에 피클과 치즈, 양상추를 올린 후 빵을 덮는다.

"

PAPER LUNCH BOX
陶視樂
食

마카로니 sandwich

재 료 *Ingredient*

식빵 12장/ 오이 ½개/ 피클 1개/ 토마토 1개/ 사과 1개/
양상추 2장/ 치커리 20g/ 슬라이스 햄 3장/ 버터 약간

* 마카로니 충전물

마카로니 50g/ 마요네즈 80g/ 당근 20g/ 셀러리 20g/
후랑크 소시지 20g/ 피망 20g/ 피클 20g/ 삶은 계란 1개/
양파 20g/ 소금 약간

만들기

1 오이와 피클은 타원형으로 슬라이스하고, 토마토와 사과는 둥글게 슬라이스한다. 양상추와 치커리는 깨끗이 씻어 물기를 제거한다.

2 햄은 끓는 물에 데쳐 물기를 제거하고, 버터는 빵에 바르기 좋게 부드럽게 만든다.

3 마카로니 충전물 만들기
   가. 마카로니는 약간의 소금을 넣은 물에 10분 정도 삶아 찬 물에 헹구어 물기를 제거한다(물에 삶으면 약 3배 정도가 늘어난다).
   나. 당근, 셀러리, 피망, 피클, 양파, 후랑크 소시지는 잘게 다지고, 삶은 계란은 곱게 으깬다.
   다. (가)와 (나)에 마요네즈와 약간의 소금을 넣어 골고루 버무린다.

4 샌드위치 완성하기
   가. 12장의 식빵 한쪽 면에 부드럽게 만든 버터를 바른다.
   나. 버터를 바른 한 장의 식빵에 마카로니 충전물을 골고루 채우고, 버터를 바른 식빵으로 덮는다.
   다. 다른 한 장의 식빵에 양상추, 햄, 토마토, 오이, 치커리, 사과, 피클을 얹은 후 나머지 식빵으로 덮는다.
   라. (나)와 (다)를 포개어 놓고 먹기 좋은 크기로 자른다.
   마. 나머지 식빵도 위와 같은 방법으로 한다.

핫도그 불고기 sandwich

 버터와 함께 샌드위치 빵에 바르는 대표적 스프레드이다. 양겨자 분에 소금, 식초, 양념 등을 섞어 만든 것으로 고기나 생선 등과 함께 사용하면 맛이 깔끔하게 느껴진다.

재 료 *Ingredient*

핫도그 빵 6개/ 쇠고기 등심 600g/ 양파 160g/ 양송이 80g/ 피망 80g/ 양상추 6장/ 피클 3개/ 슬라이스 치즈 6장/ 할라피뇨 3개/ 소금 • 후추 • 마늘 약간씩/ 머스터드 적당량

✽ 빵에 바르는 소스

마요네즈 50g/ 머스터드 50g/ 스위트 레디시 20g (다진 피클로 대체 가능)을 골고루 섞는다.

※ 할라피뇨 : 멕시코 고추를 초절임한 것

만들기

1. **쇠고기 준비**
   다진 할라피뇨에 소금, 마늘, 후추를 넣어 섞은 후 쇠고기 등심을 넣어 재워둔다.

2. 양상추는 깨끗이 씻어 물기를 제거하고, 양파, 양송이, 피망은 채 썬다. 피클은 타원형으로 슬라이스한다.

3. **충전물 만들기**
   달구어진 프라이팬에 [1]의 쇠고기를 놓고 볶는다. 붉은 기가 없어지면 양파, 양송이, 피망을 넣어 볶다가 빵 크기 정도로 만들어 준 다음 위에 슬라이스 치즈를 얹어 녹인다 (약한 불 위에서).

4. **샌드위치 완성하기**
   핫도그 빵에 빵에 바르는 소스를 바른 후 양상추를 얹고 충전물을 올린 다음, 피클을 얹고 빵으로 덮는다.

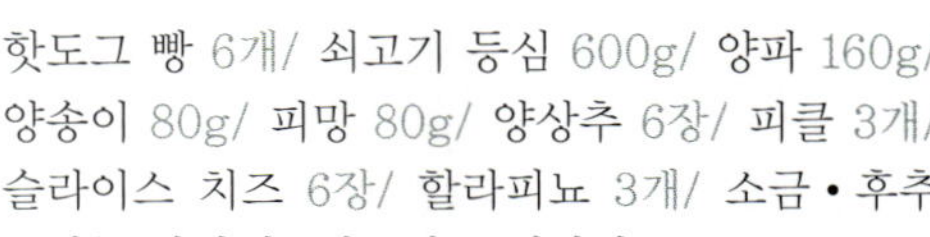

돈가스

sandwich

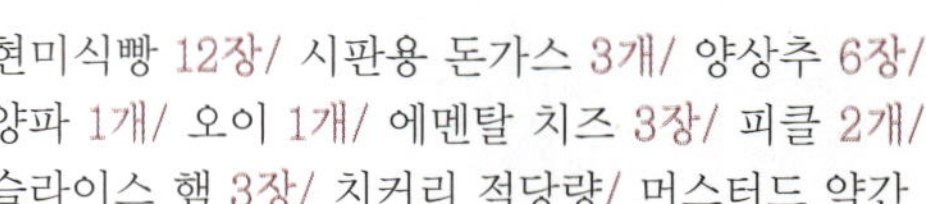

재 료 *Ingredient*

현미식빵 12장/ 시판용 돈가스 3개/ 양상추 6장/
양파 1개/ 오이 1개/ 에멘탈 치즈 3장/ 피클 2개/
슬라이스 햄 3장/ 치커리 적당량/ 머스터드 약간

＊ 빵에 바르는 소스
머스터드 90g/ 마요네즈 210g을 골고루
섞는다.

에멘탈 치즈 스위스 치즈라고 알려져 있으며 숙성기간 중 특이하게 치즈 eye라고 하는 구멍이 생기는데, 이는 숙성되면서 생기는 이산화
탄소들이 모여 있던 자리이다. 숙성기간이 길수록 치즈의 질이 좋아진다. 달콤하고 자극적인 향이 나며, 완전히 숙성하게 되면 톡 쏘는 맛을 지니
게 된다. 마일드한 맛을 가지고 있어서 먹기가 쉽고, 맛과 향이 부드러워 처음 먹는 사람도 부담이 없으며, 먹을수록 은근한 맛을 느낄 수 있고, 녹
이면 늘어나는 성질이 있어 그릴요리나 간단한 토스트에 이용해도 좋다.

만들기

1 돈가스를 기름에 튀겨낸다.

2 양상추, 치커리는 깨끗이 씻어 물기를 제거하고, 오이. 피클,
양파는 둥글게 슬라이스한다.

3 햄, 치즈 준비하기
햄은 끓는 물에 데쳐 물기를 제거하고, 치즈는 얇게 슬라이
스한다.

4 샌드위치 완성하기
가. 12장의 식빵 한 면에 빵 소스를 바른다.
나. 소스를 바른 한 장의 식빵에 피클을 얹고, 튀긴 돈가스를
얹은 다음 머스터드를 충분히 바른 후 식빵으로 덮는다.
다. 다른 한 장의 식빵에 양상추와, 햄, 치즈, 오이, 양파,
치커리를 얹고 소스 바른 식빵으로 덮는다.

라. (나)와 (다)를 포개어 먹기 좋은 크기로 자른다.
마. 나머지 식빵도 위와 같은
방법으로 한다.

새송이 버섯 sandwich

재 료 *Ingredient*

식빵 12장/ 슬라이스 햄 3장/ 오이 1개/ 피클 3개/
새송이 3개/ 계란 3개/ 토마토 2개/ 양파 1개/
양상추 3장/ 치커리 60g/ 에멘탈 치즈/ 머스터드/
올리브유 • 소금 • 후추 약간씩

✳ 빵에 바르는 소스

a 소스 : 머스터드

b 소스 : 마요네즈 50g/ 레몬즙 10g/ 다진 양파 10g/
　　　　다진 피망 10g/ 다진 사과 10g/ 다진 당근 10g/
　　　　다진 오이 10g/ 다진 피클 10g/ 케첩 50g

만들기

1 햄은 끓는 물에 데쳐 내어 수분을 제거하고, 에멘탈 치즈는 0.3cm 의 두께로 썰어 준비한다. 계란은 약간의 소금을 넣어 후라이한다.

2 새송이 버섯은 길이로 얇게 썰어 올리브유을 두른 프라이팬에 넣어 소금, 후추를 살짝 뿌려 굽는다.

3 양상추와 치커리는 깨끗이 씻어 수분을 제거하고, 오이와 피클은 타원형으로 슬라이스한다. 토마토와 양파는 둥글게 슬라이스한다.

4 빵에 바르는 소스

a 소스 : 머스터드

b 소스 : 마요네즈와 케첩에 분량의 모든 재료를 골고루 섞어 소 스를 만든다.

5 샌드위치 완성하기

가. 식빵 6장에는 a 소스(머스터드)를, 나머지 6장은 b 소스를 바른다.

나. 머스터드를 바른 식빵에 양상추, 햄, 양파, 계란 후라이, 에멘탈 치 즈, 피클을 얹은 후 b 소스를 지그재그로 뿌리고, 양상추와 치커리 를 올린 다음 b 소스를 바른 빵으로 덮는다.

다. 머스터드를 바른 빵에 새송이, 토마토, 양파, 오이를 얹고 b 소스를 뿌린 후 양상추, 치커리를 올린 다음 b 소스를 바른 빵으로 덮는다.

라. (나)와 (다)를 포개어 먹기 좋은 크기로 자른다.

마. 나머지 식빵도 위와 같은 방법으로 한다.

킹 크랩 sandwich

재 료 *Ingredient*

바게트 2개/ 양상추 6장/ 토마토 2개/ 양파 1개/
오이 1개/ 피클 3개/ 청·홍 파프리카 각 1개/
머스터드

*** 빵에 바르는 소스**
마요네즈 100g/ 케첩 100g/ 다진 오이 10g/
레몬즙 10g/ 다진 양파 10g/ 다진 피망 10g/
다진 사과 10g/ 다진 당근 10g/ 다진 피클 10g

*** 킹 크랩 충전물**
킹 크랩 살(시중제품) 10줄/ 마요네즈 100g/
설탕·후추 약간

1. 바게트의 양쪽 끝을 제거한 후 3등분 하여 옆면을 자른 다음
   양쪽 속을 파내고 머스터드를 바른다.

2. 킹 크랩 충전물
   킹 크랩 살을 가늘게 손으로 찢어 마요네즈, 설탕, 후추에 버무린다.

3. 빵에 바르는 소스
   마요네즈와 케첩에 분량의 모든 재료를 골고루 섞어 소스를 만든다.

4. 토마토, 양파, 청·홍 파프리카는 둥글게 슬라이스하고, 오이와
   피클은 타원형으로 슬라이스한다.

5. 샌드위치 완성하기
   바게트 사이에 빵에 바르는 소스를 다시 바른 후 양상추, 오이,
   피클, 킹 크랩 충전물, 토마토, 양파를 순서대로 얹고 빵에 바
   르는 소스를 바른 다음 청·홍 파프리카를 올린다.

토마토 피자

모짜렐라 치즈 물소젖을 발효시켜 만들었으나 최근에는 거의 우유로 만들며, 스파게티나 피자 위에 토핑으로 사용되어 피자치즈로 불리고 있다. 흰색 또는 상아색으로 부드럽고 말랑거리지만, 열에 잘 녹고 쫄깃하다. 매우 순하고 부드러우며, 치즈 특유의 냄새가 없고 담백하다.

재 료 *Ingredient*

식빵 12장/ 은박도시락 6개/ 슬라이스 토마토 6개/ 모짜렐라 치즈 100g/ 파슬리 찹 ·마요네즈·케첩 약간

＊ 빵에 바르는 소스
　버터 적당량

＊ 충전물
양파 530g/ 당근 60g/ 햄 7장/ 케첩 80g/ 모짜렐라 치즈 200g/ 에멘탈 치즈 80g/ 마요네즈 150g

만들기

1. 오븐을 180℃로 예열해 둔다.

2. 충전물 만들기
　양파, 당근, 에멘탈 치즈, 햄을 5cm의 길이로 채 썰어 모짜렐라 치즈, 마요네즈와 케첩을 넣고 골고루 섞는다.

3. 샌드위치 완성하기
　가. 식빵의 껍질 부분을 얇게 제거하고, 버터를 바른 식빵 2장을 겹쳐 은박 도시락에 넣는다.
　나. 식빵 위에 충전물과 슬라이스 토마토를 올리고 마요네즈와 케첩을 격자로 짠 다음 모짜렐라 치즈와 파슬리를 올려 굽는다.
　다. 나머지 식빵도 위와 같은 방법으로 한다.

＊ 굽기 180℃ 25~30분

점보 sandwich

슬라이스 치즈 (=체다 치즈) 가장 많이 알려진 치즈로 직육면체 형태로 시판되고 있는 크림색이나 주황색의 치즈이다. 껍질만 벗겨 간단히 사용할 수 있는 것으로, 크래커나 샐러드에 사용되기도 하며, 쉽게 녹아서 과자나 빵을 만들 때 사용되기도 한다.

재 료 *Ingredient*

바게트(길이 20cm 정도) 6개/ 토마토 3개/
양파 1개/ 오이 1개/ 피클 4개/ 피망 2개/
양상추 6장/ 베이컨 18장/
슬라이스 치즈 6장/ 마요네즈 • 케첩 약간/
랩 포장

*** 빵에 바르는 소스**

a 소스 : 버터 100g/ 머스터드 10g을
　　　　골고루 섞는다.
b 소스 : 마요네즈 100g/ 백 후추 약간을
　　　　골고루 섞는다.

*** 충전물**

양송이 150g/ 양파 150g/ 버터 • 소금약간

만들기

1. 충전물 만들기
   양송이는 모양대로 썰고, 양파는 채 썰어 약간의 소금을 넣은 후 버터와 함께 볶는다.

2. 오이와 피클은 타원형으로 슬라이스하고 피망, 양파, 토마토는 원형으로 자른다. 양상추는 씻은 후 수분을 제거하고, 베이컨은 기름기 없는 팬에 약한 불에서 구운 후 종이 타올로 살짝 눌러 기름기를 제거한다.

3. 슬라이스 치즈는 3등분 한다.

4. 바게트 옆면을 슬라이스하여 a 소스와 b 소스를 바르고, 양상추, 양파를 얹은 후 마요네즈를 뿌린 다음 베이컨, 치즈, 케첩, 오이, 토마토, 피클, 피망, 충전물, 양상추를 넣고 랩으로 포장하여 먹기 좋은 크기로 자른다.

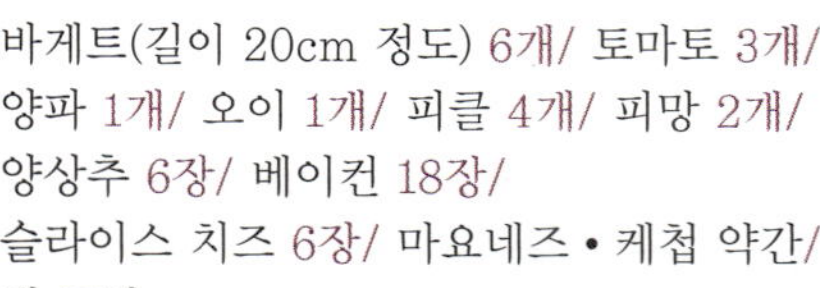

하드 롤

sandwich

재 료 *Ingredient*

하드 롤(大) 6개/ 삶아 체에 내린 감자 500g/
오이 60g/ 양파 60g/ 다진 사과 70g/ 마요네
즈 200g/ 소금·백 후추·파슬리 약간씩

※ 파슬리 찹 만들기
파슬리 잎을 잘게 다져 면보에 싼 후 흐르는
물에 씻어 꼭 짠다.

만들기

1. 하드 롤은 반으로 자른 다음 속을 깊이 파낸다.

2. 오이와 양파는 채 썰어 소금에 절인 후 물기를 꼭 짠다.

3. 삶은 감자, 다진 사과, 2에 마요네즈, 소금, 백 후추를 넣
고 골고루 섞어 충전물을 만든다.

4. 1의 하드 롤에 3의 충전물을 채우고, 파슬리 찹을 가운데
부분만 약간 뿌려 랩으로 포장한다.

어니언 베이글 sandwich

재 료 *Ingredient*

어니언 베이글 6개/ 토마토 1개/ 피클 2개/
5mm 두께의 쇠고기 6쪽/ 양상추 3장/
양파 1개/ 크림치즈/ 소금·후추 약간

*** 쇠고기 양념**

돈가스 소스 70g/ 케첩 8g/ 다진 마늘 8g/
마요네즈 14g/ 설탕 14g/ 우스타 소스 35g

만들기

1. 쇠고기에 소금, 후추를 뿌려 재워 둔다.
2. 쇠고기 양념을 골고루 섞어 졸인다.
3. 쇠고기를 기름을 두르지 않은 팬에 구워 2의 소스에 버무려 놓는다.
4. 베이글 옆면을 슬라이스하여 부드럽게 풀어 놓은 크림 치즈를 바른다.
5. 4의 베이글에 양상추, 양파, 3의 고기를 올리고, 슬 라이스한 피클과 토마토를 얹은 다음 빵을 덮는다.

샌드위치용 빵은 물기가 닿으면 금방 흐물흐물해져 못쓰게 된다,
버터나 마요네즈를 바르는 것도 수분이 배어들지
않도록 하기 위해서이다,
가능한 치즈나 햄처럼 수분이 적은 재료를
충전물로 사용하며 토마토나 잎채소는 수분을
제거하고 넣는 것이 바람직하다,

치킨
sandwich

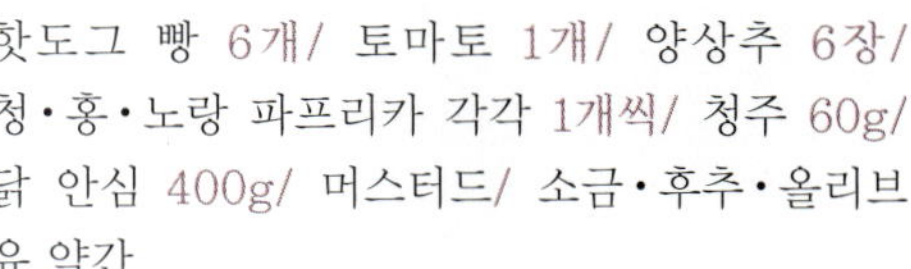

재 료 *Ingredient*

핫도그 빵 6개/ 토마토 1개/ 양상추 6장/
청·홍·노랑 파프리카 각각 1개씩/ 청주 60g/
닭 안심 400g/ 머스터드/ 소금·후추·올리브
유 약간

✳ 빵에 바르는 소스

다진 청·홍·노랑 파프리카 각각 30g/
다진 양파 94g/ 케첩 30g/ 마요네즈 150g 을
골고루 섞는다.

만들기

1 청주에 소금, 후추, 올리브유를 약간 넣어 잘 섞은 후
 닭 안심을 얇게 썰어 재둔다.

2 양상추는 깨끗이 씻어 수분을 제거하여 준비한다.

3 1의 고기는 기름을 두르지 않은 프라이팬에 굽는다.

4 청·홍·노랑 파프리카와 토마토는 빵의 폭에 맞도록
 둥글게 슬라이스한다.

5 샌드위치 완성하기

 가. 핫도그 빵을 슬라이스하여 빵 소스를 양면에 바른다.
 나. 빵 위에 양상추와 닭 안심을 얹고 머스터드를 얇게
  짜준다.
 다. (나)의 빵 위에 토마토, 청·홍·노랑 파프리카와
  양상추를 올리고 빵으로 덮는다.

새우 **타르타르** sandwich

재 료 *Ingredient*

식빵 12장/ 새우 12마리/ 양파 ½개/ 토마토 2개/
피클 2개/ 양상추 3장/ 머스터드·식초 약간/
이쑤시개

* 드레싱

삶은 으깬 계란 2개/ 타바스코 소스 10g/ 소금 2g/
다진 피클 40g/ 마요네즈 100g/ 다진 피망 20g/
다진 양파 20g/ 다진 케이퍼 10개/ 레몬즙 4g/
식초 4g/ 백 후추·파슬리 찹 약간을 넣어 골고루 섞
는다.

만들기

1. 새우는 껍질과 내장을 제거한 후 이쑤시개를 반듯하게 꽂은 다
   음 물에 약간의 식초를 넣어 삶아 이쑤시개를 제거하고 반으로
   슬라이스한다.

2. 식빵을 팬이나 오븐에 토스트한다.

3. 토마토와 양파는 둥글게 슬라이스하고, 피클은 타원형으로
   슬라이스한다.

4. 샌드위치 완성하기
   가. 토스트한 한 장의 식빵에 머스터드를 바르고 양상추,
   　　 양파, 새우 4쪽을 얹는다.
   나. (가) 위에 드레싱을 뿌린 후 피클, 토마토를 얹고 머스
   　　 터드를 바른 식빵으로 덮는다.
   다. (나)를 두 개 포개어 자른다.

5. 나머지 식빵도 위와 같은 방법으로 한다.

롤 sandwich

흰 식빵 12장/ 잡곡식빵 12장/ 슬라이스 햄 12장/
오이 1개/ 슬라이스 치즈 12장/ 맛살 6개/ 피클 3개/
계란 2개/ 셀러리 100g/ 소금 약간/ 김발

＊빵에 바르는 소스

마요네즈 150g/ 머스터드 60g/ 다진 양파 30g/
다진 피클 30g/ 다진 당근 30g/ 포도주 12g/
다진 피망 12g/ 다진 사과 30g/ 중탕한 버터 30g/
백 후추·깨 약간을 넣어 골고루 섞는다.

만들기

1. 계란에 소금을 조금 넣어 섞은 후 사각 팬에 지단을 붙인 다음 빵의 폭에 맞게 8가닥으로 자른다.

2. 햄은 끓는 물에 데쳐 반으로 자르고, 슬라이스 치즈도 반으로 자른다.

3. 맛살, 오이, 피클, 셀러리는 빵의 폭의 맞게 8가닥으로 자른다.

4. 샌드위치 완성하기
   가. 식빵 한 장의 겉부분을 제거한 다음 빵에 바르는 소스를 바른다.
   나. (가) 위에 햄, 치즈를 올리고 1과 3의 재료를 각각 2가닥 씩 가지런히 놓은 후 김발로 말아준다.

5. 식빵을 한 입 크기로 자른다.

6. 나머지 식빵도 위와 같은 방법으로 한다.

등심 찹쌀말이 sandwich

재 료 *Ingredient*

햄버거 빵 6개/ 찹쌀가루 200g/ 무순 50g/
쇠고기 등심 100g/ 노랑·빨강 파프리카 각 1개/
팽이버섯 1묶음/ 소금/ 후추/ 식용유/ 마요네즈

*** 오리엔탈 소스**

진간장 60g/ 연겨자 12g/ 참기름 12g/ 식초 20g/
설탕 32g/ 통깨 12g/ 배즙 20g/ 레몬즙 10g/
다진 파 20g/ 전분 4g/ 물 6g/ 다진 마늘 12g

만들기

1. 오리엔탈 소스 만들기
   전분과 물을 제외한 모든 재료를 섞어 졸인
   후 전분과 물 섞은 것을 마지막에 투입하여
   걸쭉하게 만든다.

2. 등심에 소금, 후추를 뿌린 다음 찹쌀가루를 묻
   혀 식용유를 두른 팬에 약간 노릇하게 굽는다.

3. 노랑·빨강 파프리카는 가늘게 채 썰고, 팽
   이버섯과 무순은 잘 씻어 수분을 제거한다.

4. 샌드위치 완성하기
   가. 햄버거 빵의 옆면을 슬라이스한 후 마요
   　　네즈를 바른다.
   나. 구운 등심에 오리엔탈 소스를 바르고,
   　　노랑·빨강 파프리카와 팽이버섯, 무순
   　　을 몇 가닥씩 넣어 둥글게 말아 준다.
   다. 햄버거 빵에 둥글게 말은 등심을 3개
   　　넣은 후 덮는다.

카레향 치즈롤

sandwich

재 료 *Ingredient*

식빵 12장/ 팽이버섯 2묶음/ 슬라이스 햄 2장/
청·노랑·빨강 파프리카 각 1개/ 피클 1개/

*카레향 스프레드
크림수프가루(시중제품) 15g/ 카레가루 8g/
물 100g/ 슬라이스 치즈 3장/ 다진 양파 30g

만들기

1. 청·노랑·빨강 파프리카와 피클은 길이로 채 썬다.

2. 햄은 뜨거운 물에 살짝 데친 후 1/2로 자르고, 팽이버섯은 깨끗이 씻어 물기를 제거한다.

3. 카레향 스프레드 만들기
   크림수프가루, 물, 카레가루를 섞어 중불에서 끓인 다음 슬라이스 치즈와 다진 양파를 넣고 더 끓인다.

4. 식빵의 옆면(껍질)을 제거한 후 마르지 않도록 젖은 수건으로 덮거나 물을 가볍게 분무하여 둔다.

5. 중간 불 위에서 프라이팬을 달군 후 식빵에 카레향 스프레드를 바르고 햄, 청·노랑·빨강 파프리카와 팽이버섯을 올린 후 팬에 버터를 발라 가면서 노릇하게 말아준다.

6. 나머지 식빵도 위와 같은 방법으로 한다.

베이직

sandwich

만들기

1. 피클과 오이는 타원형으로 슬라이스하고, 토마토는 둥글게 슬라이스한다.

2. 햄은 뜨거운 물에 데쳐 놓는다.

3. 양상추는 깨끗이 씻어 수분을 제거한다.

4. 샌드위치 완성하기

   가. 12장의 식빵 한 면에 소스를 바른다.

   나. 소스 바른 식빵 한 장에 양상추를 얹고 마요네즈를 짠 후 피클, 햄, 치즈, 오이, 토마토 순으로 순서대로 올리고 소스 바른 식빵으로 덮는다.

   다. 소스 바른 다른 식빵 한 장에 충전물을 얹은 다음 소스 바른 식빵으로 덮는다.

   라. (나)와 (다)의 식빵을 포개어 먹기 좋은 크기로 자른다.

5. 나머지 식빵도 위와 같은 방법으로 한다.

재 료 *Ingredient*

식빵 12장/ 피클 3개/
오이 ½개/ 토마토 2개/
양상추 6장/ 슬라이스 햄 6장/
슬라이스 치즈 6장/ 마요네즈

✻ 빵에 바르는 소스

마요네즈 90g/ 다진 양파 20g/
머스터드 60g을 골고루 섞는다.

✻ 충전물

삶은 으깬 계란 7개/
마요네즈 60g/ 다진 맛살 3개/
다진 양파 50g/ 다진 당근·
오이 각 30g/ 다진 피클 30g/
소금·후추 약간을 넣어 골고루 섞는다.

바질 크로아상
sandwich

크로아상 6장/ 에담치즈 6장/ 피클 2개/
양상추 6장/ 토마토 1개

＊바질 소스
마요네즈 120g/ 페퍼로니(서양고추) 5g/
바질 5g을 골고루 섞는다.

만들기

1. 에담치즈는 얇게 썰어 준비한다.

2. 양상추는 깨끗이 씻어 물기를 제거한다.

3. 피클은 타원형으로 슬라이스하고, 토마토는 둥글게 슬라이스한다.

4. 크로아상의 옆면을 슬라이스한 후 위, 아래에 바질 소스를 바른다.

5. 소스를 바른 크로아상에 양상추을 올리고, 에담치즈 1장, 피클, 토마토, 또 다시 양상추를 올리고 빵으로 덮는다.

꼭 알아두세요!

샌드위치는 만드는 방법에 따라 양면이 다 덮인
클로즈드 샌드위치와 밑면에만 빵이 있고 윗면은
덮지 않은 채 과일이나 야채 등으로 맛을 낸
오픈 샌드위치, 오픈 샌드위치를 말아 만든
롤 샌드위치, 조리빵 형태로 구워 만드는 굽는
샌드위치 그리고 토스트와 버거, 핫도그 등으로
구분 할 수 있다. 먹는 방법에 따라서는 데워 먹어야
하는 핫 샌드위치와 식어도 괜찮은
쿨 샌드위치가 있다.

바게트 롤

sandwich

재 료 *Ingredient*

긴 바게트 3개/ 맛살 3개/ 오이 1개/ 피클 4개/
양파 1개/ 슬라이스 햄 12장/ 적채 150g/
양상추 9장/ 슬라이스 치즈 9장/ 토마토 3개/
케첩 약간

* 충전물 소스
마요네즈 90g/ 케첩 90g을 골고루 섞는다.

만들기

1 오이는 길게 4등분하고, 토마토는 둥글게
슬라이스 하며, 피클은 길게 썰고, 양파와
적채는 얇게 채 썬다.

2 치즈는 반으로 자르고, 햄은 뜨거운 물에
데쳐 놓는다.

3 바게트를 반으로 자른 다음 윗면에 칼집
을 넣고 다시 양쪽에 칼집을 넣는다.

4 한 쪽에는 케첩을 바르고, 맛살을 반으로
잘라 깊게 넣어 준다.

5 다른 한 쪽에 칼집을 낸 다음 오이를 길
게 넣는다.

6 바게트 가운데 치즈를 길이에 맞게 늘어
놓고, 피클과 양파, 적채, 토마토, 양상추
와 햄을 올린 후 충전물 소스를 뿌린다.

7 랩으로 단단히 말아서 먹기 좋은 크기로
자른다.

OSTEKAKE

포테이토 마카로니 sandwich

만들기

1. 사과는 둥글게 슬라이스하고, 양상추와 새
   싹은 깨끗이 씻어 수분을 제거한다.

2. 충전물 만들기
   가. 마카로니 삶기 : 물에 소금을 약간 넣어
   마카로니를 삶은 다음 찬물에 헹구어
   꼭 짜서 물기를 제거한다.

   나. 감자와 계란을 삶아서 으깨어 놓는다(굵
   은 체에 내려도 된다).

   다. 다진 돼지고기에 소금, 후추를 넣어 볶은
   후 체에 밭친다.

   라. 양파, 피망, 당근은 채 쳐서 볶는다.

   마. 가, 나, 다의 재료를 섞은 후 마요네즈,
   소금, 후추를 넣어 골고루 섞는다.

3. 샌드위치 만들기

   가. 식빵 12장에 마요네즈를 바른다.
   나. 마요네즈를 바른 식빵 한 장에 충전물
   을 채운 다음 마요네즈를 바른 식빵으
   로 덮는다.
   다. 마요네즈를 바른 또 다른 식빵에 양상
   추, 슬라이스 사과, 새싹을 순서대로 얹
   은 다음 마요네즈를 뿌리고 마요네즈를
   바른 빵으로 덮는다.
   라. (나)와 (다)를 포개어 먹기 좋은 크기로
   자른다.

4. 나머지 식빵도 위와 같은 방법으로 한다.

떡갈비 sandwich

모닝빵 6개/ 떡갈비 3개(시중제품)/ 양파 ½개/
토마토 ½개/ 오이 ½개/ 피클 1개/ 양상추 1장/
머스터드/ 마요네즈

＊ 데리야끼 소스

간장 50g/ 설탕 25g/ 월계수 잎 1장/ 물엿 15g/
청주 15g/ 육수 30g/ 정향 1개/ 다진 양파 30g/
생강즙 약간

만들기

1. 데리야끼 소스 만들기 : 모든 재료를 넣고 약한 불에서 끓여 걸쭉하게 만든다.

2. 떡갈비에 1의 소스를 발라가며 오븐이나 프라이팬에 구워 ½로 자른다.

3. 양파와 토마토는 둥글게 슬라이스하여 반으로 자르고, 오이와 피클은 타원형으로 슬라이스한다.

4. 모닝빵을 슬라이스하여 머스터드 소스를 바른다.

5. 머스터드를 바른 모닝빵에 양상추를 먹기 좋은 크기로 올린 후 마요네즈를 뿌리고, 떡갈비와 양파, 오이, 피클, 토마토를 순서대로 올리고 빵으로 덮는다.

튜너 카레
sandwich

재 료 Ingredient

호밀식빵 12장/ 캔 참치 700g/
로메인 레터스 300g(양상추로 대체 가능)

*** 빵에 바르는 소스**
 a 소스 : 머스터드
 b 소스 : 마요네즈
*** 카레소스**
 마요네즈 72g/ 카레가루 14g/
 화이트 와인 식초 8g/ 흰 후추 약간
*** 오일 드레싱**
 발사믹 식초 10g/ 올리브유 10g/ 레몬즙 10g

만들기

1 참치를 끓는 물에 데친 다음 체에 밭쳐 꼭
  짜서 수분을 제거한다.

2 카레 소스 만들기
  마요네즈에 카레가루와 화이트 와인 식초,
  흰 후추를 넣어 섞어둔다.

3 오일 드레싱 만들기
  발사믹 식초에 올리브유, 레몬즙을 섞는다.

4 로메인 레터스를 잘게 채 썬다.

5 참치에 카레 소스를 넣어 버무린다.

6 샌드위치 완성하기
  가. 식빵은 기름이 없는 프라이팬에서 굽는다.
  나. 식빵 6장에는 머스터드를, 나머지 식빵
     6장에는 마요네즈를 바른다.
  다. 머스터드를 바른 식빵 한 장에 5의 참치
     를 올린 다음 로메인 레터스를 골고루 펴
     놓고 오일 드레싱을 뿌린 다음 마요네즈
     를 바른 식빵으로 덮는다.
  라. (다)를 2개 겹쳐 먹기 좋은 크기로 자른다.

7 나머지 식빵도 위와 같은 방법으로 만든다.

레이즌 베이글

sandwich

만들기

1. 실파를 송송 썬다.
2. 사과를 다진다.
3. 크림치즈를 부드럽게 만든 후 실파와 다진 사과를 섞는다.
4. 레이즌 베이글의 옆면을 슬라이스하여 3 의 크림치즈를 듬뿍 바른 후 덮는다.

꼭 알아두세요!

멋스럽게 담아 내려면....
냅킨을 깔고 파슬리로 엑센트
샌드위치는 접시에 담는 것 외에 소쿠리나 바구니에
냅킨을 깔고 담으면 자연스런 분위기가 나며 접시에
담을 때도 냅킨, 레이스페이퍼를 깔아 멋을 낸다.
또 파슬리나 래디시, 포테이토 칩스 등을 곁들여
마무리 하며 이때 양상추나 파슬리는 빵의 건조를
막는 데 필요하다. 담을때는 평면적이지 않게 입체
적으로 담는것이 중요하며 빈 공간엔 튀긴 감자나
삶은 계란을 곁들여 변화를 주는 것도 좋다.

※ 여러가지 샌드위치 커팅법...

토스트

재 료 *Ingredient*

식빵 12장/ 슬라이스 햄 6장/ 생크림 100g/
슬라이스 치즈 6장/ 피망 1개/ 옥수수 약간

* **충전물**
  양파 600g/ 당근 100g/ 옥수수 40g/ 햄 2장/
  맛살 1개/ 피망 1개/ 모짜렐라 치즈 200g/
  마요네즈 500g

만들기

1 충전물 만들기
  양파, 당근, 햄, 맛살, 피망을 채 썰어 옥수수,
  모짜렐라 치즈와 마요네즈에 골고루 버무린다.

2 생크림은 거품을 낸다.

3 슬라이스 햄은 뜨거운 물에 데쳐 수분을 제거
  한다.

4 피망은 둥글게 슬라이스한다.

4 샌드위치 완성하기
  가. 오븐을 170℃로 예열시킨다.

  나. 식빵에 2의 거품낸 생크림을 바른 후 슬
     라이스 햄과 치즈를 올리고 생크림을 바른
     빵으로 덮는다.

  다. (나) 위에 충전물을 올린 후 피망과 옥수수
     를 올린 후 굽는다.

  *굽기 170℃ 25~30분

모닝 샐러드
sandwich

만들기

1 충전물 만들기

가. 감자와 계란을 삶아서 곱게 으깬다(굵은 체에 내려도 된다).

나. 오이, 셀러리, 사과는 0.5cm 크기로 깍뚝 썰기 한다.

다. (가)와 (나)에 옥수수, 다진 땅콩, 건포도, 마요네즈, 플레인 요구르트와 백 후추를 조금 넣어 골고루 버무린다.

2 샌드위치 완성하기

가. 딸기나 방울토마토는 깨끗이 씻어 준비한다.

나. 야채 모닝빵을 반으로 슬라이스하여 프라이팬이나 오븐에 살짝 토스트 한 후 마요네즈를 바른다.

다. 모닝빵 위에 충전물을 얹은 후 딸기나 방울토마토를 반으로 잘라 올린다.

마늘빵

sandwich

재 료 *Ingredient*

식빵 12장/ 양상추 6장/ 토마토 2개/ 슬라이스 햄 3장 / 슬라이스 치즈 3장/ 마요네즈 적당량

*** 빵에 바르는 소스**
버터 150g/ 설탕 75g/ 다진 마늘 50g/ 파슬리 찹 적당량을 골고루 섞는다.

*** 충전물**
다진 쇠고기 40g/ 완두콩 25g/ 다진 양파 15g/ 다진 피클 140g/ 빵가루 100g/ 소금, 후추

*** 충전물 소스**
마요네즈 80g/ 케첩 80g/ 머스터드 16g을 골고루 섞는다.

만들기

1. 충전물 만들기
   빵가루를 오븐이나 팬에 볶는다. 쇠고기는 소금, 후추를 뿌려 볶은 후 완두콩, 다진 양파, 다진 피클, 빵가루를 섞은 다음 충전물 소스를 넣어 잘 버무린다.

2. 양상추는 깨끗이 씻어 물기를 제거하고, 토마토는 둥글게 슬라이스한다.

3. 슬라이스 햄은 뜨거운 물에 데쳐 종이 타올로 수분을 제거한다.

4. 식빵 12장의 양면에 빵 소스를 바른 후 양면을 오븐에 노릇하게 굽는다.

5. 오븐에 구운 식빵 한 면에 마요네즈를 바른다.

6. 마요네즈를 바른 한 장의 식빵에 충전물을 넣고 마요네즈를 바른 식빵으로 덮는다.

7. 마요네즈를 바른 다른 식빵에 양상추를 얹고 마요네즈를 가늘게 짠 후 토마토, 햄, 치즈를 순서대로 올리고 마요네즈를 바른 식빵으로 덮는다.

8. 6과 7의 식빵을 포개어 먹기 좋은 크기로 자른다.

9. 나머지 식빵도 위와 같은 방법으로 만든다.

단호박 샐러드

단호박 1개/ 아몬드 슬라이스 20g/
파슬리 적당량

*** 소스**

마요네즈 100g/ 백포도주 20g/
백 후추/ 소금 약간

만들기

1 단호박은 깨끗이 씻어 반으로 자른 후 속을
   파내고 적당한 크기로 잘라 찜통에서 찐다(너
   무 오래 찌면 수분이 많아 좋지 않다. 전자레
   인지에 찌면 좋다).

2 아몬드 슬라이스를 오븐이나 팬에 노릇하게
   굽는다.

3 소스 만들기 : 마요네즈에 백포도주, 소금, 백
   후추를 넣어 골고루 섞는다.

4 삶은 단호박을 먹기 좋은 크기로 자른 다음 구
   운 아몬드 슬라이스와 소스를 넣어 버무린다.

5 아몬드 슬라이스와 파슬리를 먹기 좋게 뿌린다.

   ※단호박의 당도에 따라 설탕을 넣을 수 있다.

마늘 바게트

 프랑스 빵으로 빵 속에 구멍이 불규칙하게 뚫리고 껍질 부분은 바삭하고 속은 부드러워 맛이 좋다. 보통 밀가루와 소금, 물, 이스트만으로 만들어져 달지 않아 단백한 것을 좋아하는 사람들이 선호하는 빵이며, 긴 막대형이다.

재 료 *Ingredient*

바게트 4개/ 파슬리 적당량

＊빵에 바르는 소스

버터 350g/ 설탕 150g/ 생크림 50g/
마요네즈 70g/ 다진 마늘 100g/
계란 노른자 3개

만들기

1 오븐을 150℃로 예열해 둔다.

2 빵에 바르는 소스 만들기 : 버터와 설탕,
   생크림, 마요네즈, 다진 마늘을 섞은 후
   불에 올려 녹인 다음 노른자를 넣고 잘
   섞는다.

3 바게트를 이등분하여 다시 길이로 4등분
   한다.

4 바게트에 소스를 손으로 바르고 파슬리
   가루를 뿌린 후 오븐에서 노릇하고 바삭
   해질 때까지 굽는다.

＊굽기 150℃ 약 25~30분

바게트 소시지 말이

재 료 *Ingredient*

바게트 1개/ 수제 소시지 6개/
슬라이스 치즈 2장/ 베이컨 12장/
파슬리 찹/ 머스터드/ 마요네즈
• 버터 적당량

만들기

1 오븐을 170℃로 예열한다.

2 베이컨을 오븐에 살짝 구워 종이 타올로 살짝 눌러 기름기를 제거한다.

3 바게트를 3등분한 다음 다시 반으로 잘라 속을 파내고 버터를 바른다.

4 소시지를 세로로 칼집을 내고 속에 머스터드를 바른 후 치즈를 3등분하여 1/3을 소시지에 끼운 다음 베이컨 2장으로 감싼다.

5 베이컨으로 말은 소시지를 바게트 속에 깊숙이 넣은 다음 마요네즈를 가늘게 지그재그로 짠 후 파슬리를 뿌려 오븐에 굽는다.

* 굽기 170℃ 15분~20분

6 식은 후 랩으로 포장한다.

후르츠 까망베르
sandwich

3~6주 정도의 숙성기간을 거치며, 치즈 표면에 흰 곰팡이가 펠트 모양으로 생육하고 단백질 분해가 비교적 빠른 것이 특징이다. 와인과 함께 먹거나 과일 샐러드에 넣어 먹으면 좋다. 버섯 수프와 같은 향을 가지고 있으며 이스트나 고기에 가까운 맛을 내고 숙성 정도에 따라 암모니아 냄새가 나는 것도 있다.

재 료 *Ingredient*

잡곡식빵 12장/ 사과 1개/ 토마토 1개/ 까망베르 치즈 얇게 썬 것 12장/ 크림치즈 적당량

*** 샐러드**

마요네즈 60g/ 오이 60g/ 복숭아 60g/ 사과 60g/ 파인애플 60g

만들기

1 샐러드 만들기 : 오이, 복숭아, 사과, 파인애플을 사방 1cm 크기로 깍뚝 썰기 한 후 마요네즈에 버무린다.

2 크림치즈를 실온에 두거나 살짝 중탕하여 부드럽게 하고, 사과와 토마토는 원형으로 슬라이스한다.

3 잡곡식빵 12장에 부드러운 크림치즈를 바른다.

4 크림치즈를 바른 잡곡식빵에 슬라이스한 사과와 토마토를 얹고 까망베르 치즈를 올리고 크림치즈를 바른 잡곡식빵으로 덮는다.

5 크림치즈를 바른 다른 잡곡식빵에 샐러드를 얹고 나머지 잡곡식빵으로 덮는다.

6 4와 5를 포개어 자른다.

7 나머지 잡곡식빵도 위와 같은 방법으로 만든다.

흑미 에그롤

sandwich

만들기

1. 드레싱 만들기 : 마요네즈에 케첩, 다진 피클, 다진 파인애플, 파슬리 찹과 백 후추를 약간 넣어 골고루 섞는다.

2. 계란은 삶은 후 잘게 다진다(굵은 체에 내려도 된다).

3. 햄은 잘게 다지고 오이는 채 썰어 소금에 절인 후 꼭 짠다.

4. 1, 2, 3을 함께 골고루 섞는다.

5. 흑미식빵의 껍질을 얇게 잘라 낸 다음 한 쪽 면에 빵에 바르는 소스를 바른다.

6. 소스를 바른 식빵 한 장에 충전물을 올려 김발로 말아 준 후 옆면을 반듯하게 잘라 완성한다.

7. 나머지 식빵도 위와 같은 방법으로 만든다.

재 료 *Ingredient*

흑미식빵 6장/ 삶은 계란 3개/ 오이 70g/
햄 1장/ 파슬리 찹 약간

*** 빵에 바르는 소스**
마요네즈 20g/ 머스터드 28g을 골고루
섞는다.

*** 드레싱**
마요네즈 50g/ 케첩 5g/ 다진 피클 5g/
다진 파인애플 5g/ 파슬리 찹/ 백 후추 약간

참 치
sandwich

식빵 12장/ 오이 2개/ 양상추 3장

*** 빵에 바르는 소스**
(충전물에 100g, 빵에 70g 사용)
마요네즈 150g/ 머스터드 45g/ 녹인 버터 60g
을 골고루 섞는다.

*** 충전물**
참치 통조림 250g/ 다진 양파 60g/ 다진 셀러리
15g/ 다진 피클 15g/ 다진 오이 20g/ 삶은 계란 1
개/ 소금·후추 약간

만들기

1 참치는 끓는 물에 데친 후 체에 밭쳐 꼭 짜서
   수분을 제거한 다음 식힌다.

2 오이는 식빵크기로 길게 슬라이스한다.

3 충전물 만들기
   삶은 계란은 굵은 체에 내린다. 참치에 다진
   셀러리, 양파, 피클, 오이, 체에 내린 계란을
   넣고 약간의 소금, 후추와 빵에 바르는 소스
   중 100g을 넣어 골고루 섞는다.

4 식빵 12장의 한 면에 빵에 바르는 소스를
   바른다(빵에 바르는 소스 70g 사용).

5 소스를 바른 식빵에 양상추를 깔고 충전물을
   골고루 펴 바른 후 길게 자른 오이를 얹고
   소스를 바른 식빵으로 덮는다.

6 5를 식빵을 2개 포개어 먹기 좋은 크기로
   자른다.

7 나머지 식빵도 위와 같은 방법으로 만든다.

볼컨브롯
sandwich

재 료 *Ingredient*

볼컨브롯 12장(호밀로 만든 빵으로 조직이 치밀해서 얇게 썰어 사용한다)/ 양상추 6장/ 토마토 1개/ 훈연치즈 60g/ 핫 칠리페퍼 6개/ 고다치즈 6장/ 불고기구이 햄(시판용) 6장

＊ 오리엔탈 소스
  a. 바질 소스
    마요네즈 150g에 바질을 약간 넣어 골고루 섞는다(바질 양은 기호대로 조절한다).

  b. 머쉬룸 소스
    다진 양송이버섯 90g에 소금, 후추를 약간 넣어 볶은 후 식혀서 마요네즈 90g 넣어 골고루 섞는다.

만들기

1. 불고기구이 햄은 살짝 굽는다.

2. 양상추는 깨끗이 씻은 후 물기를 제거하고, 토마토와 핫 칠리페퍼는 슬라이스한다.

3. 고다치즈는 0.5cm 두께로 썰어 준비하고, 훈연치즈는 0.2cm 두께로 썰어 준비한다.

4. 샌드위치 완성하기
  가. 6장의 식빵의 한 면에 바질 소스를 바르고, 그 중 한 장의 빵에 양상추를 깔고 훈연치즈, 토마토를 얹은 다음 마요네즈를 가늘게 짠 후 바질 소스를 바른 식빵으로 덮는다.
  나. 6장의 식빵의 한 면에 머쉬룸 소스를 바르고, 그 중 한 장의 빵에 양상추를 깔고 핫 칠리페퍼, 고다치즈, 불고기 햄을 얹은 다음, 마요네즈를 가늘게 짠 후 머쉬룸 소스를 바른 식빵으로 덮는다.
  다. (가), (나)를 포개어 먹기 좋은 크기로 자른다.

5. 나머지 식빵도 위와 같은 방법으로 만든다.

소시지 피자

재 료 *Ingredient*

식빵 12장/ 피자치즈 300g/ 마요네즈/
케첩 약간

＊ 충전물

후랑크 소시지 540g/ 찹쌀가루 108g/ 피망 300g/
양송이 150g/ 피클 120g/ 당근 120g/ 셀러리 24g/
빵가루 120g/ 옥수수 240g/ 마요네즈 540g/
후추 약간

만들기

1 오븐을 180℃로 예열한다.

2 충전물 만들기
  후랑크 소시지, 피망, 양송이, 피클, 당근,
  셀러리는 가늘게 채 썰고 여기에 찹쌀가루,
  빵가루, 옥수수, 마요네즈와 약간의 후추를
  넣어 골고루 섞는다.

3 식빵에 마요네즈를 바르고 다른 식빵을 포
  갠 다음 팬에 담는다.

4 팬 안의 식빵 위에 충전물을 올리고 케첩과
  마요네즈를 교차되게 짠다.

5 4의 위에 피자치즈를 얹고 파슬리를 뿌린
  후 오븐에 넣어 노릇노릇하게 굽는다.

  ＊굽기 180℃ 약 20~25분

새우버거

오트밀 햄버거 빵 6개/ 양상추 3장/ 양파 1개/
사과 1개/ 우스타 소스/ 마요네즈 약간

＊ 빵에 바르는 소스

머스터드 120g/ 마요네즈 54g을 골고루 섞는다.

＊ 충전물

생새우(새우 패티)300g/ 전분 60g/
계란 노른자 3개/ 소금 • 후추 약간

만들기

1. 양상추는 깨끗이 씻어 물기를 제거하고, 양파와 사과는 둥글게 슬라이스한다.

2. 충전물 만들기
   새우를 잘게 다져 전분, 계란 노른자, 소금, 후추를 약간 넣고 골고루 섞은 후 햄버거 빵 크기로 패티를 만들어 팬에 굽는다.

3. 오트밀 햄버거 빵의 옆면을 슬라이스해서 빵 소스를 양쪽에 바른다.

4. 소스를 바른 햄버거 빵에 양상추를 깔고 마요네즈를 가늘게 짠다. 그 위에 구운 새우 패티을 얹고 우스타 소스를 약간 뿌린다.

5. 4 위에 양파와 사과를 얹은 다음 위에 마요네즈를 뿌리고, 양상추를 얹고 빵으로 덮은 후 옆면에 파슬리 찹을 뿌린다.

베이컨 브로콜리
sandwich

만들기

1. 계란에 약간의 소금을 넣어 지단을 부친 후 빵의 길이에 맞게 자른다.
2. 베이컨은 기름을 두르지 않은 프라이팬에 넣어 바삭하게 구운 후 종이 타올에 얹어 기름을 제거한다.
3. 브로콜리는 적당한 크기로 잘라 소금을 넣은 끓는 물에 파랗게 데쳐 낸다.
4. 양상추는 깨끗이 씻어 물기를 제거하고, 오이, 피클은 타원형으로 슬라이스하며, 토마토와 양파는 둥글게 슬라이스한다.
5. 바게트 빵의 옆면을 슬라이스하여 위, 아래에 빵 소스를 바른다.
6. 바게트 위에 양상추를 얹고 계란 지단, 오이, 피클, 토마토를 얹은 다음 위에 마요네즈를 가늘게 짠 후 브로콜리, 양파, 베이컨을 순서대로 올린다.

버섯
sandwich

재 료 *Ingredient*

흑미식빵 12장/ 양상추 6장/ 당근(A) 60g/
팽이버섯 120g/ 양송이 120g/ 피클 1개

✽ 빵에 바르는 소스
버터 90g/ 다진 마늘 30g을 골고루 섞는다.

✽ 충전물
불고기 햄(시판용) 150g/ 양파 80g/
당근(B) 250g/ 피클 90g/ 옥수수 240g/
찹쌀가루 50g/ 마요네즈 240g

만들기

[1] 오븐을 200℃로 예열한다.

[2] 양상추는 깨끗이 씻어 수분을 제거하고, 당근(A)은 채 썰어 준비한다.

[3] 팽이버섯은 씻어 모양대로 준비하고, 양송이는 얇게 썬다.

[4] 피클은 타원형으로 슬라이스한다.

[5] 충전물 만들기
햄, 양파, 당근(B), 피클은 잘게 채 썬 다음 옥수수, 찹쌀가루,
마요네즈를 넣어 골고루 섞는다.

[6] 샌드위치 완성하기
가. 흑미식빵 12장의 한 면에 빵 소스를 바른다.
나. 소스를 바른 흑미식빵 한 장을 팬에 놓고 식빵 위에 채 친 당
근을 올리고, 팽이버섯과 양송이버섯을 올린다.
다. (나)의 위에 충전물을 올린 다음 200℃의 오븐에 넣어 색이
날 때까지 굽는다.
라. 흑미식빵 한 장에 빵 소스를 발라 기름기 없는 프라이팬에서
굽는다.
마. (다)의 빵 위에 피클과 양상추를 올리고 (라)의 식빵으로 덮는다.

[7] 나머지 식빵도 위와 같은 방법으로 만든다.

두부 새싹
sandwich

완두식빵은 식물성 단백질과 아미노산, 비타민 A, 나이아신
이 풍부하여 성장기 어린이들의 영양 섭취 및 지방간, 혈액 순환 장애와 같은
성인병 예방에 탁월한 효과가 있다.

재 료 *Ingredient*

완두식빵 12장/ 두부 1모/ 양상추 3장/
새싹 100g/ 토마토 2개/ 양파 1개/
버터·마요네즈 적당량

* 두부 양념

다진 마늘 36g/ 레몬즙 100g/
올리브유 12g을 골고루 섞는다.

만들기

1 두부를 1cm 두께로 자르고 두부 양념을 앞뒤로 바른 후 프라
   이팬을 달구어 식용유를 약간 두른 다음 약한 불에서 노릇하게
   굽는다.

2 양상추와 새싹은 깨끗이 씻어 물기를 제거하고 토마토, 양파는
   둥글게 슬라이스한다.

3 완두식빵 12장에 버터를 부드럽게 하여 바른다.

4 버터를 바른 한 장의 식빵에 양상추를 깔고 양파, 두부, 토마
   토, 새싹을 순서대로 올린 후 마요네즈를 가늘게 짠 다음 다시
   양상추를 올리고 버터를 바른 식빵으로 덮는다.

5 나머지 식빵도 위와 같은 방법으로 만든다.

재 료 *Ingredient*

야채 모닝빵 6개/ 양파 ½개/
오이 ½개/ 피클 1개/
양상추 2장/ 마요네즈 약간

* 빵에 바르는 소스
a 소스 : 버터 50g
b 소스 : 마요네즈 30g/
　　　　머스터드20g/ 백 후추
　　　　약간을 골고루 섞는다.

* 충전물
양파 100g/ 당근 40g/
피망 40g/ 양송이 40g/
햄 40g/ 셀러리 15g/
슬라이스 치즈 1장/ 버터·
소금·후추 약간

만들기

1. 양파는 둥글게 슬라이스하고, 오이와 피클은 타원형으로 슬라이스 한다.

2. 양상추는 깨끗이 씻어 수분을 제거한다.

3. 충전물 만들기
   양파, 당근, 피망, 양송이, 햄, 셀러리를 잘게 썰어 버터와 소금, 후추를 넣어 볶다가 마지막에 슬라이스 치즈를 넣어 약간 엉기 도록 한다.

4. 야채 모닝빵은 슬라이스하여 a, b 소스를 순서대로 바른다.

5. 소스를 바른 빵 위에 양상추를 얹고 마요네즈를 가늘게 짠 후 충전물을 올린 다음 양파, 피클, 오이를 올리고 빵으로 덮는다.

연 어

sandwich

지중해 연안에서 자라는 나무의 일종인데 나무에서 피지 않은 꽃 봉오리를 따내어 식초나 소금에 절인것으로 작고 부드러운 녹색의 알맹이로 기름진 훈제연어와 궁합이 잘맞다.

재 료 *Ingredient*

핫도그 빵 6개/ 양파 ½개/ 양상추 3장/
훈제연어 12쪽

＊ 빵에 바르는 소스

a 소스 : 버터 100g/ 머스터드 10g을 골고루 섞는다.
b 소스 : 마요네즈 100g/ 백 후추 약간을 골고루 섞는다.

＊ 연어 소스

(약간 매운 맛이 강해야 비린내를 제거해 준다)
다진 양파 90g/ 연와사비 12g/ 다진 케이퍼 30g/
홀스 레디시(서양고추 냉이 : 시중제품) 15g/ 딸기 요
구르트 90g

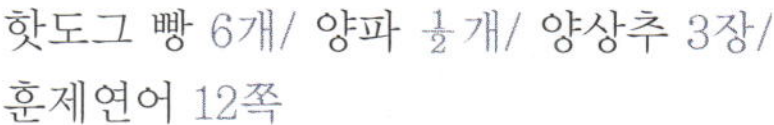

만들기

1 양파는 둥글게 슬라이스하고, 양상추는 깨끗이 씻어 수분을 제
　거한다.

2 연어 소스 만들기
　다진 양파, 연와사비, 다진 케이퍼, 홀스 레디시에 딸기 요구르
　트를 넣어 골고루 잘 섞는다.

3 핫도그 빵의 옆면을 슬라이스하여 양면에 빵에 바르는 소스
　a와 b의 소스를 차례로 바른다.

4 소스를 바른 빵 위에 양상추를 올리고 양파를 올린 후 연어 소
　스를 뿌린다.

5 4 위에 연어를 올리고, 다시 연어 소스를 뿌린 후 양파와 양
　상추를 올린 다음 빵으로 덮는다.

참치 롤

sandwich

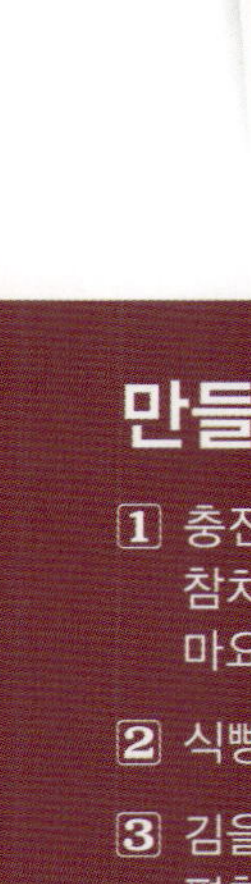

만들기

1. 충전물 만들기
   참치를 끓는 물에 데쳐 수분을 제거한 후 다진 피클, 다진 양파,
   마요네즈와 약간의 소금, 후추를 넣어 섞는다.

2. 식빵의 껍질을 제거한 후 빵 소스를 바른다.

3. 김을 식빵 크기로 맞춰 잘라 식빵 위에 올리고 1의 충전물을
   펼친다.

4. 김발을 사용하여 말아 준 후 먹기 좋은 크기로 자른다.

플레인 롤
sandwich

재 료 Ingredient

식빵 6장/ 오이 ⅓개/ 당근 ⅓개/ 피클 1개/ 맛살 1개/
파스트라미 햄 6장/ 훈연치즈 6장/ 양상추 2장

＊ 빵에 바르는 소스

플레인 요구르트 30g/ 마요네즈 30g/ 케첩 16g을
골고루 섞는다.

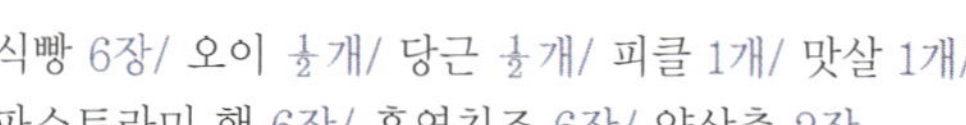

만들기

1. 오이, 당근, 피클, 맛살을 식빵 길이로 6개 자른다.

2. 파스트라미 햄은 식빵의 1/2 크기로 얇게 썰어 기름기 없는 프라이팬에서 굽고, 훈연치즈도 식빵 1/2 크기로 얇게 썰어 준비한다.

3. 양상추는 깨끗이 씻은 후 물기를 제거한다.

4. 샌드위치 완성하기
   가. 식빵의 껍질을 얇게 제거한 다음 빵 소스를 바른다.
   나. 소스를 바른 식빵을 김발 위에 놓고 그 위에 양상추를 깔고 파스트라미 햄, 훈연치즈를 얹는다.
   다. (나) 위에 오이, 당근, 피클, 맛살을 올리고 김발을 이용하여 말아 준다.

5. 나머지 식빵도 위와 같은 방법으로 만든다.

vita
bertego'

러스크

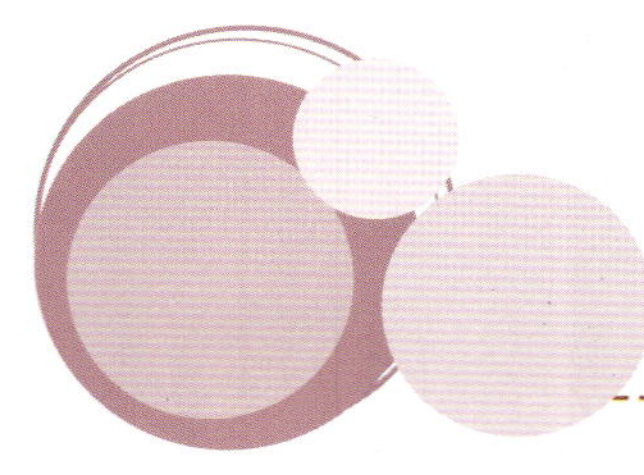

만들기

1 오븐을 150℃ 정도로 예열한다.

2 버터와 설탕을 약한 불에서 끓인다.

3 다른 그릇에 생크림과 계란을 넣어 잘 섞는다.

4 2가 약간 식었을 때 3을 조금씩 넣으면서 잘 섞는다(분리되지 않도록).

5 식빵은 자르지 않은 것을 준비하여 전체(6면)의 껍질을 제거한 후 3등분하여 자르고 다시 1/2로 잘라 직각 삼각형이 되도록 한다.

6 빵 전체에 붓으로 소스를 바른 후 노릇노릇하게 굽는다(소스를 너무 많이 바르지 않는다).

*굽기 150℃ 30~40분

핫도그
sandwich

재 료 *Ingredient*

핫도그 빵 6개/ 양상추 6장/ 에멘탈 치즈 12장/
파슬리 찹 • 소금 • 후추 약간

＊ 빵에 바르는 소스
a 소스 : 버터 100g
b 소스 : 마요네즈 50g/ 케첩 50g/ 다진 피클10g/
　　　　다진 양파 10g/ 다진 파인애플 10g/ 파슬
　　　　리 찹/ 후추 약간을 넣어 골고루 섞는다.

＊ 충전물
피망 50g/ 당근 50g/ 양파 400g/ 생크림 50g/
후랑크 소시지 180g

만들기

1. **충전물 만들기**
   피망, 당근, 양파는 채 썰고 소시지는 둥글게 썬 다음 소금 • 후추를
   조금 넣고 생크림을 넣어 센불에 빨리 볶은 후 체에 밭쳐 물기를
   제거하고 충분히 식힌다.

2. 양상추는 깨끗이 씻어 수분을 제거하고, 에멘탈 치즈는 슬라이스
   해 놓는다.

3. 빵의 옆면은 슬라이스하고 a, b 소스를 순서대로 바른다.

4. 소스를 바른 핫도그 빵에 양상추를 올리고, 충전물을 올린 다음 에
   멘탈 치즈를 얹고, 양상추를 얹고 빵을 덮은 후 옆면에 파슬리를
   뿌린다.

어니언 크라프트
sandwich

파스트라미 햄 쇠고기의 홍두깨살을 천연 양념으로 장기간 숙성한 햄으로 샌드위치에 사용 시 얇게 썰어 사용한다. 샌드위치에 버터를 바르고 파스트라미 햄을 올려 놓은 후 디종 머스터드를 바르면 맛이 좋다.

재 료 *Ingredient*

양파 잡곡 식빵 12장/ 파스트라미 햄 3장/
훈연치즈 3장/ 양파 1개/ 오이 1개/ 피클 2개/
피망 1개/ 토마토 2개/ 치커리 50g

*** 빵에 바르는 소스**
머스터드 60g/ 마요네즈 100g을 골고루 섞는다.

*** 드레싱**
마요네즈 140g/ 케첩 15g/ 오이피클 즙 8g/
파인애플 즙 8g/ 파슬리 찹/ 후추 약간을 골고루
섞는다.

만들기

1. 파스트라미 햄은 0.5cm 두께로 썰어 프라이팬에 굽는다.

2. 훈연치즈, 오이, 피클은 타원형으로 슬라이스하고, 피망, 양파, 토마토는 원형으로 슬라이스한다.

3. 치커리는 깨끗이 씻어 물기를 제거한다.

4. 샌드위치 완성하기
   가. 양파 잡곡 식빵 12장에 빵에 바르는 소스를 바른 다음 한 장의 식빵에 치커리를 얹는다.
   나. (가) 위에 훈연치즈, 오이, 양파를 올린 후 드레싱을 뿌린다.
   다. (나) 위에 피클, 토마토, 피망을 올리고 드레싱을 뿌린 후에 파스트라미 햄과 치커리를 얹고 소스 바른 식빵으로 덮는다.
   라. (다)의 샌드위치를 두 개 만들어 포개어 자른다.

5. 나머지 식빵도 위와 같은 방법으로 만든다.

카레식빵
sandwich

카레식빵 12장/ 양상추 3장/ 훈연치즈 12장/
스팸 12장/ 오이 1개/ 피클 2개/ 피망 1개/
양파 ⅓개/ 토마토 1개

* **빵에 바르는 소스**
머스터드 60g/ 마요네즈 100g을 골고루 섞는다.

* **드레싱**
다진 파인애플 15g/ 마요네즈 140g/ 케첩 15g/
다진 오이 15g/ 다진 피망 15g/ 다진 피클 15g/
파인애플 즙 15g/ 오이피클 즙 15g/ 후추/
파슬리 찹/ 약간을 골고루 섞는다.

만들기

1 양상추는 깨끗이 씻은 후 물기를 제거한다.

2 스팸은 0.5cm 두께로 썰어 기름기 없는 프라이팬에서 살짝 굽는다.

3 오이, 훈연치즈, 피클은 타원형으로 슬라이스한다.

4 피망, 양파, 토마토는 원형으로 슬라이스한다.

5 샌드위치 완성하기
　가. 카레식빵 12장에 빵 소스를 바른다.
　나. 소스를 바른 한 장의 식빵에 양상추를 깔고 스팸, 오이, 훈연 치즈, 피망, 양파, 토마토, 피클을 순서대로 올린 후에 드레싱을 듬뿍 뿌리고 양상추를 얹은 다음 소스를 바른 식빵으로 덮는다.
　다. (나)의 샌드위치를 두 개 만들어 포개어 자른다.

6 나머지 식빵도 위와 같은 방법으로 만든다.

칠리버거

 소금에 절인 쇠고기와 돼지고기, 돼지 지방에 향신료와 마늘, 조미료, 럼, 와인으로 양념한 뒤 저온에서 두세 달 숙성시킨 것으로 고기 자체의 효소작용과 자연 오염된 미생물의 작용으로 살라미 특유의 향이 나고, 씹는 맛이 쫄깃하며, 짠 맛이 강한 발효 건조 소시지이다.

재 료 *Ingredient*

햄버거 빵 6개/ 살라미 햄 6장/ 토마토 1개/
까망베르 치즈 6장/ 피망 1개/ 핫 칠리페퍼 3개/
양파 1개/ 노란 파프리카 1개/ 피클 3개/ 양상추 3장

✱ 빵에 바르는 소스

머스터드 30g/ 마요네즈 70g/ 다진 핫 칠리페퍼 2개
를 골고루 섞는다.

만들기

1 살라미 햄을 0.5cm 두께로 썰어 약한 불에 살짝 굽고, 까망베르 치즈는 얇게 슬라이스한다.

2 양상추는 깨끗이 씻어 물기를 제거하고 토마토, 피망, 파프리카, 양파는 둥글게 슬라이스하며 피클, 핫 칠리페퍼는 타원형으로 슬라이스한다.

3 햄거버 빵의 옆면을 슬라이스한 후 빵 소스를 바른다.

4 소스를 바른 빵에 양상추를 깔고, 살라미 햄, 피클, 토마토, 양파, 피망, 파프리카, 까망베르 치즈, 핫 칠리페퍼를 순서대로 얹은 다음 양상추를 얹은 후 빵을 덮는다.

야뜨 햄
sandwich

재 료 *Ingredient*

바게트 3개/ 야뜨 햄 6장/ 고다치즈 6장/
양상추 6장/ 오이 1개/ 피클 2개

*** 빵에 바르는 소스**
a 소스 : 어니언 크림치즈 90g
b 소스 : 마요네즈 90g

*** 드레싱**
마요네즈 60g/ 케첩 60g/ 다진 피클 15g/
다진 오이 15g/ 다진 햄 15g을 골고루 섞는다.

만들기

1 양상추는 깨끗이 씻은 후 물기를 제거하고, 오이와 피클은 타원형으로 슬라이스한다.

2 야뜨햄은 0.5cm 두께로 썰어 기름기 없는 프라이팬에서 살짝 구워 준비한다. 고다치즈도 0.5cm 두께로 슬라이스한다.

3 바게트를 1/2로 자른 다음 옆면을 슬라이스하여 윗면에는 어니언 크림치즈를 바르고, 아래쪽에는 마요네즈를 바른다.

4 3의 바게트에 양상추를 깔고, 야뜨 햄, 고다치즈, 오이, 피클을 얹은 후 드레싱을 뿌리고 빵으로 덮는다.

유럽
sandwich

고다와 함께 네덜란드 치즈로 빨간색 왁스로 싸여 있지만, 17주 이상 숙성시킨 것은 검정색으로 싸여 있다. 이 때문에 "사과치즈"로 불리기도 한다. 탈지우유로 만들어진 저지방치즈이며, 첫맛은 약간 쓰지만 먹을수록 고소한 치즈 맛에 꼭 다시 찾는 치즈 중의 치즈이다.

재 료 *Ingredient*

현미식빵 12장/ 파스트라미 햄 6장/
에담치즈 6장/ 양상추 6장/ 마요네즈 약간

*** 빵에 바르는 소 스**

설탕 30g/ 마요네즈 200g/ 케첩 70g/
머스터드 30g을 골고루 섞는다.

만들기

1. 파스트라미 햄은 식빵 크기로 잘라 살짝 굽고, 에담치즈는 슬라이스한다.

2. 현미식빵 12장의 한 면에 빵 소스를 바르고 한 장의 식빵에 양상추를 깐 다음, 에담치즈, 파스트라미 햄을 얹은 후 마요네즈를 가늘게 짜주고 양상추를 얹어 소스를 바른 식빵으로 덮는다.

3. 2의 샌드위치를 두 개 만들어 포개어 자른다.

4. 나머지 식빵도 위와 같은 방법으로 만든다.

너비아니
sandwich

재 료 *Ingredient*

핫도그 빵 6개/ 너비아니용 고기(시중제품) 6개/
양상추 3장/ 사과 1개/ 파슬리 약간

*** 빵에 바르는 소스**

(일부는 남겨서 너비아니 고기 위에 뿌린다) 설
탕 30g/ 마요네즈 200g/ 케첩 70g/
머스터드 30g을 골고루 섞는다.

*** 불고기 양념**

다진 양파 12g/ 다진 마늘 6g/ 다진 파 12g/
간장 45g/ 맛술 6g/ 설탕 15g/ 참깨 4g/
참기름 12g/ 후추 약간을 골고루 섞는다.

만들기

1. 너비아니용 고기(산적)를 불고기 양념에 재웠다가 프라이팬에 구워 식힌다.

2. 양상추는 깨끗이 씻어서 물기를 제거하고, 사과는 둥글게 잘라 반달 모양으로 이등분한다.

3. 핫도그 빵의 옆면을 슬라이스하여 빵 소스를 바르고 양상추, 구운 너비아니를 반으로 잘라 올린 후 빵에 바르는 소스를 뿌린다.

4. 3 위에 사과를 얹고 다시 빵 소스를 뿌린 후 파슬리를 뿌리고 빵으로 덮는다.

닭 안심
sandwich

재 료 *Ingredient*

햄버거 빵 6개/ 닭 안심 300g/
양상추 3장/ 오이 1개/ 피클 3개/
청·홍 파프리카 각 1개/
양파 1개/ 토마토 2개/ 파마산
치즈/ 마요네즈·소금·후추·청
주·다진 마늘 적당량

✱ 케첩 소스

우스타 소스 8g/ 케첩 60g/
후추·레몬즙·연겨자 약간을
넣어 골고루 섞는다.

✱ 충전물

양배추 3장/ 오이 50g/
드레싱 약간

✱ 드레싱

마요네즈 200g/ 케첩 80g/
발사믹 식초 20g/ 물엿 20g/
다진 피클 40g/ 연겨자 약간/
땅콩 잘게 다진 것 40g
을 골고루 섞는다.

만들기

1 약간의 소금, 후추, 청주, 다진 마늘을 골고루 섞은 후 닭 안심을
재워둔다.

2 1의 닭 안심을 케첩 소스에 버무렸다가 프라이팬이나 오븐에서
굽는다.

3 양상추는 깨끗이 씻어 물기를 제거한다.

4 오이, 피클은 타원형으로 슬라이스하고, 청·홍 파프리카, 양파,
토마토는 둥글게 슬라이스한다.

5 충전물 만들기
양배추는 가늘게 채 썰고, 오이는 채 썰어 소금에 절여 두었다 물
기를 꼭 짜고 양배추와 섞은 다음 드레싱 일부와 버무린다.

6 햄버거 빵의 옆면을 슬라이스한 다음 마요네즈를 발라 프라이팬
에서 굽는다.

7 6의 빵에 드레싱을 바른 후 양상추를 얹고 양파, 피클, 닭 안심,
충전물, 오이, 토마토, 양상추를 순서대로 올린 다음, 위에 드레싱
을 충분히 뿌리고 다시 청·홍 파프리카를 올린 후 파마산 치즈를
뿌리고 빵을 덮는다.

피자 바게트

바게트 2개/ 피자 소스(시중제품)100g/
피자치즈 300g/ 파슬리 찹

*** 토핑물**
햄 100g/ 피망 70g/ 완두콩 40g/ 피클 60g/
양송이 80g/ 피자치즈 60g/ 옥수수 100g/
마요네즈 240g/ 양파 160g

만들기

1. 오븐은 200℃로 미리 예열시킨다.

2. 토핑물 만들기
   햄, 피망, 피클, 양송이, 양파, 맛살을 잘게 썰어 옥수수, 완두
   콩, 피자치즈를 넣어 마요네즈에 버무린다.

3. 바게트는 반으로 자른 후 옆으로 완전히 자른다.

4. 3의 바게트 위에 피자 소스를 바른 후 토핑물을 얹고 피자치
   즈를 얹은 다음 파슬리 찹을 뿌려 굽는다.

   * 굽기 200℃ 15~20분

계란
sandwich

재 료 *Ingredient*

샌드위치 식빵(소) 1개/ 노른자 6개/
분말 파프리카 약간

＊ 빵에 바르는 소스
부드러운 버터 100g/ 머스터드 100g
을 골고루 섞는다.

＊ 충전물
다진 양파 80g/ 다진 오이 60g/
삶아 으깬 감자 90g/ 다진 피클 60g/
삶아 다진 계란 4개/ 다진 사과 40g/
다진 게맛살 2줄/ 마요네즈 100g을
골고루 섞는다.

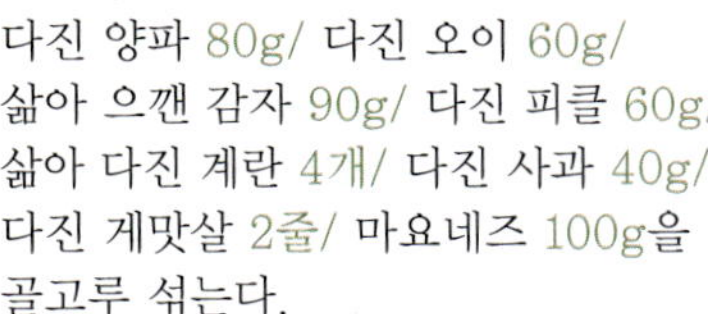

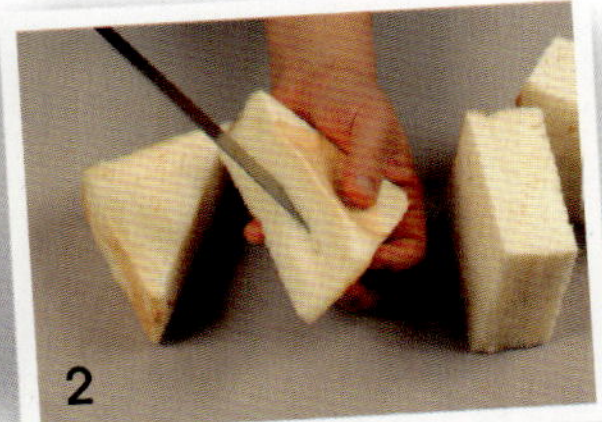

만들기

1 오븐을 160℃로 예열한다.

2 샌드위치 식빵의 껍질을 얇게 벗기고 3등분한 후 다시 1/2로
잘라 삼각형으로 만들어 가운데 칼집을 깊이 낸 다음 붓으로
빵 전체에 노른자를 골고루 바르고 오븐에 넣어 노릇노릇하게
굽는다.

3 빵의 칼집 낸 곳에 빵 소스를 바른다.

4 소스를 바른 빵 속에 충전물을 듬뿍 채워 넣은 다음 분말 파프
리카를 뿌려 완성한다.

찾아보기

맛있는 웰빙

샌드위치

초 판 발 행	2006년 1월 20일
1 쇄 2 판	2007년 1월 20일
저　　　자	최 상 호 / 정 월 계 / 왕 숙 자 / 정　훈
발 행 인	김 홍 용
아 트 디 렉 터	류 연 희
인　　　쇄	(주) 미성아트
발 행 처	도서출판 **효일**
	서울특별시 동대문구 용두 2동 102-201
	전화 : 02)928-6644　FAX : 02)927-7703
homepage	www.hyoilbooks.com
e - m a i l	hyoilbooks@hyoilbooks.com

등록 : 1987년 11월 18일 제 6-0045호